日本の環境を活かした酪農・チーズづくり

宮嶋　望
共働学舎新得農場代表

デーリィマン社

まえがき

日本の酪農は、輸入飼料に依存して成り立つ構造から長らく抜け出せていません。ここ数年は、新興国の台頭と人口爆発に加え、ロシアのウクライナ侵攻、行き過ぎた円安も相まって、輸入穀物の価格が大きく跳ね上がりました。酪農界のアンケートによると、6割以上の酪農家（実際は9割という人もいる）が経営の継続が難しいという数字が発表されています。

しかしながら、この状況をどうすれば脱却できるかという具体的な良案は聞こえてきません。私は、世界各地で酪農・乳製品づくりがどのように行われているかをつぶさに見てきたつもりです。そんな私の目には、「ついに来たか」と映ってしまいます。

近年の日本の酪農は、国に守られながら発展してきましたが、そのためのさまざまな仕組みが崩れ始めているように感じます。日本酪農はこれからが正念場です。世界と肩を並べ、自立する日本の酪農とはどのような形であるべきか、示していかねばなりません。一方で、経営が成り立つ形であるのはもちろんのことですが、日本という環境で牛を飼い、乳を搾る意味を理解すること。そして質の高いおいしいチーズをつくるための基本的な考え方を理解し実践すること。これなくして、今の社会環境下でヒトという生き物が「強く生きる力」を持ち続けることはできないということを自覚している人が酪農界にどれだけいるのでしょうか。ですから、今回、本書を通して声に出して言うことにしました。

何でもそうですが、自分が言ったことは自分でやって見せなければ誰も聞き入れてくれません。私は5年半ほど前まではこれを体現してきました。ただ残念ながら、今は「言う」ことはできますが、やって見せることができません。２０１7年のフランスへの一人旅で、現地に着いた途端、機中で意識が飛びました。脳梗塞でした。リハビリを重ね、今は一人で歩くことはできるようになりましたが、以前のように自由に体は動きません。

しかし、この時に初めて実感しました。このような現実を生まれた時からずうっと体験している人たちと私はずっと一緒に生活していたのです。われわれの牧場には、さまざまな理由から社会での居場所を見付けられない人、心身に重いさまたげを抱えている人が働き、生活しています。彼らと比べれば私はまだほんの数年。彼らに「ちょっとこの間のことで何をガタガタと騒いでいるんだ！」と叱られそうです。

長年彼らと共に暮らしてきたのに、気持ちの上ではまだまだ彼らの方が「大人だなァ」と改めて気付かされました。

身心に不自由を抱えている人の方が人間社会の先輩に思えて仕方ありません。

私も、今できることを積み重ねて、自分なりに社会に貢献していこうと思います。

宮嶋　望

日本の環境を活かした酪農・チーズづくり　目次

第4章　酪農危機下の〝チーズ考〟

宮嶋望の略歴および共働学舎新得農場の沿革

1951年9月4日　群馬県前橋市生まれ、東京都育ち
1954年　3歳で自由学園幼児生活団南沢に1回生として入団
1958年4月　自由学園初等部に入学
1964年4月　男子部に30回生として入学
1970年4月　自由学園最高学部に入学
1974年3月　自由学園最高学部を卒業
1974年3月　渡米し、ウィスコンシン州 Voegeli Farm で酪農実習
1976年6月　妻・京子と結婚し再び渡米、ウィスコンシン大学マディソン校に編入
1978年6月1日　Bachelor of Science を取得し卒業、帰国。
1978年6月23日　父親が設立した教育の場「共働学舎」の分場として、北海道十勝管内新得町に入植。「新得山」を見て回り、牧場用地を調べる。市街地から約2㎞と近いものの、傾斜が20度以上あり、斜面の利用を考えなければならないことを見て取る。30 ha を新得町から無償で借り受け、家族3人を含む6人と

ホルスタイン6頭から営農をスタート。生乳出荷ができないためバター・チーズをつくり始める

1981年6月　農事組合法人共働学舎新得農場を設立、農協への生乳出荷を開始。町からの借地契約も54haほどに増やし、契約期間も10年に延長

1983年　新得町特産物加工研究センターの運営管理を任され、チーズ生産に本腰

1984年1月　傾斜に強いブラウンスイス牛を6頭、Voegeli Farmから輸入。傾斜が20度以上ある土地を生かすことを考えてのこと。ブラウンスイスとホルスタインを同じ餌で飼養し比較すると、乳量は15~20%ほどブラウンスイスの方が少ないが、チーズをつくると20%以上ブラウンスイスの生乳の方が多いことが実証された。その後、搾乳牛60頭、育成牛40頭の牛群を目途に飼養することとし、全頭をブラウンスイスに

1989年　北海道地域づくりアドバイザー

1989年2月　フランスのアルザス・コルマール市でJean Hueber（ジャン・ユベール＝当時フランスAOC〈原産地統制呼称制度〉会長）氏に会い、環境を活かすモノづくりの話を聞くとともに、ユベール氏から来日を打診される

1990年11月　ユベール氏を北海道に招き、新得町のサホロリゾートで「第1回ナチュラルチーズサミットin十勝」を開催。以降、15回にわたり毎年サミットを開く

1991年　農水省、北海道、新得町の補助を受け、牛舎・搾乳室・チーズ工房を建てる。生乳を指定団体に出荷したときに比べて、10倍の利益を得られるよう計算し施設を設計。牛舎・搾乳室も乳をポンプで運ばないような仕組みにした

1992年2月　新牛舎に牛を移し、搾乳、チーズ製造を新工房で開始

1992年3月　フランス人技術者を招き、ナチュラルチーズ製造講習会を開催しチーズの手づくり技術を学ぶ。この技術講習会は2018年まで14回にわたり毎年行われる

1994年　十勝ナチュラルチーズ振興会（現・十勝ナチュラルチーズ連絡協議会）を設立し会長

1998年　第1回「オールジャパン・ナチュラルチーズコンテスト」で最高賞。これを機にチーズ販売が上向きに

２０００年３月　チーズプロフェッショナル協会理事に就任
２００２年　フランス政府の関係者からの誘いで、ヨーロッパの「山のチーズオリンピック」にラクレットを出品するも参加賞にとどまる
２００３年　「山のチーズオリンピック」フランス大会で「さくら」が銀賞
２００４年　「山のチーズオリンピック」スイス大会で世界８３０種から「さくら」が金賞・グランプリの最高賞を受ける。以降、国際コンテストでの受賞多数
２００４年６月　北海道「道産食品独自認証制度検討委員会」、日本有機農業研究会「有機農業アドバイザー」に就任
２００５年　北海道帯広市で「コミテ・プレニエ・フロマージュ」の国際会議を企画、開催
２００８年　Ｇ８北海道洞爺湖サミットのメインチーズプレートに「さくら」が選ばれる
２００９年　北海道ブラウンスイス協議会会長
２０１７年　フランスに到着した機上で脳梗塞に。以降、運動機能に後遺症
２０１８年　黄綬褒章を授与される

2020年　新型コロナウイルス感染症の拡大に伴い、レストラン・ホテルへのチーズの業務用販売が少なくなり売り上げが大幅に下落。この間に搾乳牛の餌をできるだけ牧場で生産される物に転換

2023年2月　農福連携の実践者に送られる「ノウフク・アワード」でグランプリを授与される

2023年3月31日　十勝でのラクレット製造が「十勝ラクレット」として農水省の地理的表示保護制度（GI）に認定され、乳製品のGI認定第1号となる

2023年現在　日本における新しいチーズ産業を確立すべく模索中。チーズの品質が日本で、世界で認められてから販売は楽になったが、世界のチーズを知れば知るほど、日本の環境で行われてきた発酵技術の素晴らしさに思い至る。このため、日本の環境菌が行う発酵をチーズづくりに生かそうと試行錯誤を続けている。

〈経営概要〉　メンバー数は45＋6人（大学生までの子ども含む）、その他パート、体験者、研修者などを含めると計約60人。農事組合法人共働学舎新得農場の年商は約1億8、000万円。NPO法人共働学舎新得農場は同約6、000万円

第1章　酪農の歴史と免疫力

1　コロナ禍で期待高まる乳による免疫力

可能な限り鉄材を使っていない理由

いきなりですが、「メタサイエンス」という言葉をご存じでしょうか。端的に言うと、「既存の科学の枠組みを超えた新しい科学」です。私が代表を務める共働学舎新得農場も、その発想によって設計・運営されていて、牛舎をはじめ牧場内の建物は電子の流れを乱さないよう、できるだけ鉄材を使わないようにしています。その効果は、バイオベッド（発酵床）、生乳品質、ナチュラルチーズの発酵品質など物理的な面での良い影響の他、ここで働くスタッフの精神状態にまで良い影響をもたらしています。ちなみに栃木県の御料牧場（皇室用の農畜産物を提供）の牛舎を見たことがありますが、ここでも鉄材はほとんど使われていませんでした。

電子の流れ、つまりエネルギー循環は人間の生理、そして精神にまで影響します。この電子の流れを制御するのが、われわれの牧場でも採用している「炭埋（たんまい）」です。この理論と私の出会いは学生時代にまでさかのぼります。

微生物学者の大槻虎男教授から「中尊寺金色堂にある藤原氏3代の遺体を調査すると、ミイラ状の遺体が入っている棺おけの周りに大量の木炭が詰められていた」と聞いたのが興味を持ったきっかけでした。その後も、異端の物理学者といわれる楢崎皐月（こうげつ）氏の著書や各地で炭埋技術を伝えていた伊藤孝三氏の教えを基に、牧場の飼養・搾乳施設とチーズ工房を設計しました。

この理論や牧場設立の経緯については拙著「いのちが教えるメタサイエンス」（地湧社）に詳しいので、興味のある方はご一読いただければと思います。

「乳・病原菌・鉄」と「ファクターX」

さて、アメリカ・カリフォルニア大学のジャレド・ダイアモンド教授が書いた「銃・病原菌・鉄」（草思社）という著書が、コロナ禍の中で再び注目されました。アメリカの報道や文学、作曲の功績に対して授与されるピュリッツァー賞の受賞作としても知られていますね。ユーラシアや北アフリカの文明は、銃と病原菌と鉄により他の文明を征服し発展したという理論で、地理学的見地から人類史を解き明かしています。この中で、スペインが南アメリカを征服できた要因の1つとして疫病を挙げています。ヨーロッパ人は家畜飼養の歴史が古く家畜由来の伝染病に対する免疫を持っていたけれど、南アメリカの先住民には、それらの免疫がなかったため疫病がまん延し、征服を容易にしました。

新型コロナでも欧米と東アジアでは重症化率に大きな差があり、その要因は「ファクターX」として研究が進められたようですが、ここでもXはBCG接種と関係があるのではないかという説もありました。いずれにしろ、キーワードは免疫力ということです。

私は酪農家であり当然、家畜と長い間接してきたし、前述したように鉄がもたらす影響を長い間考察し回避する方法を実践してきたので、コロナ禍に見舞われる前から同書の内容に非常に興味を持っていました。同書では、鉄を使った道具により農耕技術を発展させることで人口増加が促され、庶民は飢餓から解放されたことで文明が発展。鉄はさらに他国への侵略に使われた銃を生み出したとしています。私は、この鉄文化の発展と乳文化の発展する時期が符合していることに驚き、一対で広がった可能性があるのではないか、そして鉄文化の発展は乳文化の広まりによる免疫力の高まりが支えていたのではないかとの仮説に至りました。

現代の世の中は、鉄なくして成り立ちません。そして乳に免疫力を高める効用があることは科学的にも証明されていることです。だから今こそ、乳により免疫力を高める必要があると思うのです。ダイアモンド教授風に言うと「乳・病原菌・鉄」でしょうか。

2　鉄の技術を持ち、乳を摂取していた民族が生き残った

豊かだったヒッタイト人が滅びたのはなぜか

乳の歴史も鉄の歴史も、さまざまな文献で明らかにされています。鉄については、製錬技術を発見し、道具・武器の製造にとても便利なことに気付き、勢力を持ちだしたのは紀元前1500年ごろに栄えていたヒッタイト、今のトルコですね。そこのシュメールの流れをくむ文化だといわれています。また、最近では、それより1、000年前の鉄の塊が見つかったという報道もありました。

さて、その頃に遊牧民が動物と共に船でヒッタイトに漂着したという記録があります。いわゆるノアの箱舟です。実際、2010年にトルコのアラト山の山頂付近、標高4、000mほどで発見されたとの報道があったのでご存じの方もおられると思います。つまり、どこかで大陸が沈み、そこから逃げ出した人たちが漂着したが、彼らは土地を持っていないので遊牧民にならざるを得なかった。畑としては生産性のない草地を、春から夏には北へ移動し、秋から冬にかけては南下するといった生活です。貧しさからヒッタイト人の奴隷になった者も少なくなかったでしょう。奴隷の彼らは家畜から搾った乳を摂取しているが、ヒッタイト人は奴隷が食べるような卑し

い物は食べない。彼らにはチグリス・ユーフラテス川がもたらす肥沃（ひよく）な土地と便利な鉄器具を使って収穫した穀物があったからです。

しかし、ヒッタイトは紀元前1200年ごろから衰退の道を歩み始め、分裂後、他国に吸収され民族としての歴史は途絶えます。一方、奴隷たちの多くはエジプトに連れて行かれ、王族のために製鉄作業に従事させられます。エジプトでユダヤ人の子どもとして生まれたモーセは、迫害されていた民族を引き連れ（神話で有名な割れた海を渡り）、シナイ半島を40年にわたり放浪。後に古代イスラエルの民族指導者とたたえられるようになるのです。

ここで大事なのは、ヒッタイト人は滅び消えてしまったけれども、奴隷として鉄を生産させられていた人々は生き残ったということです。彼らはエジプトで鉄をつくらされた後にモーセに率いられ脱出、シナイ半島を放浪した後にエルサレムに入った。その一族から出た王が国を治め、イエスの時代には鉄がヨーロッパに広まっていきます。しかしユダヤの民はその後、ローマ帝国との戦いに敗れ、難を逃れた10部族が東に逃げることになり、製鉄技術を持つアシュケナージ部族がローマに連れ戻されて奴隷になります。

ここでポイントとなるのは、鉄を扱う奴隷の立場に落ちても、民族として消滅しなかったことです。それは羊を飼い、乳を摂取する食習慣があったからだと私は考えています。

大腸菌と相性が良い鉄、病原体を増やす原因にも

鉄はさまざまな恩恵を人間に与えてきました。建物、乗り物、ありとあらゆる身の回りの便利な道具の原料として。そして現代のICT（情報通信技術）も鉄なくしてあり得ません。また、人体においても血液中のヘモグロビンをつくるという重要な役割を持っています。

ただ、弊害もあります。鉄容器は火を使う料理には便利ですが、食器としては兵隊用以外には使われていません。鉄は大腸菌と相性がとても良く、大腸菌は別の病原菌から病原体を受け取ってしまうとその病原体を増やし、病気のまん延を引き起こしてしまうという性質があるからです。鉄が食事を通して体内に入り、十二指腸や小腸でむき出しのままだと大腸菌を増やしてしまう。大腸菌は増殖率が高く、2時間で64倍にもなります。

ちなみに遺伝子組み換え技術には、大腸菌が多く使われています。大腸菌や赤痢菌などグラム陰性菌の外部はプラスイオンで覆われており、他の微生物から「病原体」の遺伝子を受け取りやすい仕組みになっているのです。こうした遺伝子組み換えの技術については、私がアメリカのウィスコンシン大学にいた時に、実際にその作業に携わっていた友人から聞いていました。もう40年以上前のことです。

3　ラクトフェリン含むチーズを摂取し免疫力高める

磁場の乱れがメンタル不調急増の原因か

鉄の弊害は、前章で述べたような人体に取り込んだときの直接的影響の他、鉄材による電子の流れの乱れ、電導に伴う磁場の乱れによる影響もあります。パソコンや携帯端末から発生する電磁波が脳の情報整理などの機能を乱し、これらへの過剰な依存が、うつ病や自律神経失調症といったメンタル不調急増の原因ではないかともいわれています。

東京医科歯科大学の角田忠信名誉教授は、脳には言語など論理的な思考を司る左脳と、情感や直感などを司る右脳があり、その中間にある脳幹のスイッチ細胞が情報を整理する、といった脳の働きを提唱したことで知られています。その研究はノーベル賞候補級の発見といわれたものの、受賞していません。角田理論を突き詰めると、鉄文化が脳の機能を乱すことが明らかとなります。ノーベル賞の創設者アルフレッド・ノーベルは鉄工所に始まって兵器製造、そしてダイナマイトで巨万の富を築いた人物であり、その経歴を考えれば受賞していないのは当然なのかもしれない、と個人的に思っています。

さて、磁場の乱れは身の回りで簡単に見ることができます。パソコンの上に方位磁石を置くと、示す方位が変わります。磁場を乱す素材でできているからです。また鉄の棒が1本立っているだけでも磁場は変わります。地面からマイナスの電子を拾い上げ上部にマイナス極、地面側にプラス極ができ、局部的に自然の磁力線を乱します。昨今は伝書鳩が帰ってこないケースが増えているのですが、これも鉄を使った建築物や携帯電話塔などによる電磁波の乱れによるものといわれています。

生後間もない哺乳動物を鉄から守る母乳

一方、乳の中にはラクトフェリンという免疫成分が含まれています。ラクトフェリンが鉄の周りを囲み、腸壁に「手渡し」して鉄を取り込ませることで大腸菌の増殖を防いでいます。これが、鉄の持つ危険性から生後間もない哺乳動物の命を守っているのではないでしょうか。哺乳中は母乳から鉄成分に対する免疫力をつくるラクトフェリンが供給されるため、その弊害を受けずに済んでいるのではないでしょうか。

また、母乳を飲んでいる間はそれに含まれている乳糖がラクトースとガラクトースに分解します。中でもガラクトースは「脳糖」とも呼ばれるくらい脳を発達させるエネルギーになります。

しかし離乳後、哺乳動物は母親から自立して食物を摂取しなければならなくなります。それは乳糖の分解ができなくなることが原因です。その時、免疫力を得て、健康を維持できる食物としてラクトフェリンを含む一方、乳糖を含有しないチーズなどの乳製品を摂取します。特にヨーロッパでは、そのことを意識せずとも学んでいたからこそ、現代に至る長きにわたりチーズの摂取が続いているのではないかと考えられます。

鉄の精製技術ができる前は、自然界にある鉄の分子は砂鉄としてあり、地上にあっても哺乳動物の健康にはさして害にはならなかったのでしょう。富士山の裾野の青木ケ原のような、火山があり鉄分を含む溶岩が流れて磁場を乱すような所でない限り、通常、人体に影響をもたらすほどの害は受けずにいたからこそ哺乳動物が増え続けたのでしょう。

微生物由来の免疫力を確保できるチーズとは

しかし、道具として鉄の塊がつくられ、電化製品が使われだしてから、食物の摂取に関わる影響にとどまらず人体に影響を及ぼすようになり、それまでの生活様式が維持しにくくなりました。ですから、離乳後、鉄利用の弊害に対抗するために乳製品の摂取・補給が、現代社会においてとても大切になってきます。そして、乳製品の中でも発酵により消化しやすくなったチーズが最もそれに適しているのです。ただし、ここが重要なのですが、全てのチーズが該当するのではなく、きちんと時間をかけて乳酸発酵させ、乳糖を分解させているチーズでないと微生物由来の免疫力を確保するのは難しいのではないでしょうか。現状、それを商品ラベルで見分けるのは難しいのですが、ヨーロッパのＡＯＰ（保護原産地呼称）などに代表される認証を得ている物は間違いがないはずです。

こうしたことが長い間、環境を考えながらチーズをつくり続け、また心身にさまたげを抱えた人のための牧場を長年運営し、回復した人たちを見続けて行き着いた私の結論です。

4　乳と鉄、失われた歴史の裏に山の民の存在

優れた環境にあった縄文人はなぜ消えたのか

鉄がなくても豊かな生活をしていた人々もいます。ジャレド・ダイアモンド著「銃・病原菌・鉄」で述べられている日本の縄文、マヤ、インカ、そしてアイスランド・スコットランドにかつて文明を築いていたダーナの人々です。しかし、これらの人々は後から来た鉄文化を持つ人々に取って代わられてしまいます。では鉄文化を持った者が力で奪い取ったのでしょうか。どうもそうではないようです。

鉄文化を持たなかった人々は優れた能力を持っていたにもかかわらず、消えていってしまった。日本でいうと、現在の日本人の遺伝子の構成は8割以上が弥生由来で、元々の縄文由来の遺伝子は2割に満たないといいます。弥生人が500年代に登場してから数百年でこうなったといわれています。早過ぎるというのが専門家の意見のようです。

そもそも、海底が隆起してできた大地の場合、貝殻からできる石灰質の層による殺菌効果で植物の生産力が弱く、植物、微生物の種類も数も少ない。一方、日本のように、溶岩が石灰層を通り抜けて噴火した火山地帯では、石灰層は火山灰の下の地中深く沈められてしまいます。地表の

植物層を支える30㎝～1ｍが火山灰で覆われていたとすると、殺菌材として働く石灰層の影響はないので環境微生物、植物は数も種類も圧倒的に多くなります。そのため火山国の日本の植物相は豊かで、微生物の種類も豊富なのでしょう。だからこそ、時には危険な災害を被るかもしれない火山周辺に人々が住むことも多かったのではないでしょうか。

であるのに、それだけ有利だった火山国の日本に長い間住み続けていた縄文の人々は、なぜ数百年のうちに消えてしまったのでしょうか。

アニメ「もののけ姫」に見るタタラ場と牛

日本に鉄の道具や武器を持ち込んだのは弥生時代の渡来人といわれています。とはいえ火山の国・日本では元々、山々に砂鉄がたくさんあり、「タタラ場」が各地に誕生し鉄の生産が山岳地帯を中心に広まっていきました。

タタラ製鉄を行う「山の民」は当時の身分制度から外れていて、鉄の道具を早くから利用していたのではないでしょうか。鉄以前に銅が多く使われていましたが、銅には鉄のような強度を持たせられず、道具としてはあまり使えなかったため、鉄が急速に普及したと考えられます。

山の民は鉄をつくるため、木を伐採し土を起こしていました。それを描いたのがアニメ映画「ものけ姫」です。そこにはチーズは出てきませんが、牛は出てきます。また、タタラ場で働く人の中で包帯をした人は伝染病に侵されていたとの指摘もあります。一方、指導者の女性のように若く健康そうな女性もいます。となると伝染病の罹患（りかん）や製鉄に伴う健康被害を防ぐため、乳製品を摂取していたと見ることができます。舞台となった戦国時代は、物資を運ぶなら牛ではなく馬だったはずです。監督の宮崎駿さんがどこまでそれを意識していたかは分かりませんが。

鉄生産に必要な乳の記録も山の中へと

実は江戸時代までの400年ほどは製鉄に関する記録が極端に少ないのです。戦国時代、領主が製鉄事業者を手放すわけがないし、全て輸入鉄で賄っていたとも思えません。豊臣秀吉が朝鮮出兵した際も、鉄砲は全て輸入品と考えるのは現実的ではなく、山の民に依頼してある程度、自国でつくっていたと考える方が自然です。そう考えると、またもや「もののけ姫」の舞台が真実味を増してくるわけです。

ちなみに、古代の乳製品である蘇の皇室などへの献上が途絶してからの400年間、乳利用の記録はあまり見当たりません。武器生産を担っていた「山の民」が一定の力を持ち、今で言う武器商人としての地位を守るため、自分たちの製鉄能力＝武器の生産能力を隠した。そして鉄生産に必要な乳の記録も山の中に隠れてしまったのではないか。そう考えると、つじつまが合うのです。

5　ヨーロッパに匹敵する歴史があると認識したい

徳川家康がオランダとの交易を許した経緯に注目

便利な鉄の道具を日本にもたらした渡来人は同時に乳文化も伝えました。蘇、酪、醍醐（だいご）など乳製品の記述が複数の歴史書に載っています。例えば、小林恵子氏の著書「日本古代史」（現代思潮新社）には、722年の48カ国（地方）での蘇の生産量が記されています。廣野卓氏の著書「古代日本のミルクロード」（中央公論社）には諸国で飼われていた乳牛の頭数まで試算されていて、平安時代には2、600頭もの泌乳雌牛が使われていたとされています。であるのに、戦国時代からの400年、歴史上から牛と乳製品がこつぜんと消えているのは不自然です。乳には厳しい管理が行き渡っていたとしか思えません。山の近くの農村部で鋤（すき）を引いていたのは馬ではなく牛のイメージが強いのはなぜでしょうか。山には牛がいたからです。

従って、日本の乳文化について明治時代を起点にして考えるのではなく、ヨーロッパに匹敵する歴史があると認識すべきでしょう。

近代日本における乳文化の歴史は、ほとんどが明治以降についてです。しかし、これまで述べてきたように、それ以前にもまだ埋もれた歴史があるのではないでしょうか。

鉄の武器と乳の関係でいえば江戸幕府の鎖国下で、徳川幕府が欧米で唯一許したオランダとの交易にも見られます。中でも家康の時代に、交易を許した経緯に注目しています。

豊臣秀吉の跡を継いだ秀頼は大阪城に住んでいましたが、秀吉が築いた大阪城は外堀に取り囲まれ難攻不落であり、当時の鉄砲の射程距離では攻め落とせなかった。家康側が攻めあぐねていたときオランダから大砲の提供の申し出があり、オランダはその代わりに銀の輸出と交易の権利を求めたといいます。それまで関係のあったスペインやポルトガルからも武器提供の申し出があったそうですが、見返りが厳しかったため、家康はオランダを選び大阪城を攻め落とすことに成功。その経緯から後の鎖国下においてもオランダとの交易は許されました。

従って、オランダとの交易の中でゴーダチーズも日本に入ってきたと考えるのが自然です。日本では「チーズといえばゴーダ」と、早くからゴーダは認知されてきましたが、オランダとの交易の歴史が影響しているのかもしれません。交易の窓口になっていた長崎県の出島には牛小屋があり、オランダ人が連れてきた牛を飼い、生乳からバターなど乳製品をつくっていたとする記録もあります。

チーズ職人の間では、硬いタイプのチーズといえばゴーダで、ワックスをかけた丸い形が特徴です。これは船で運ぶことを前提にした技術です。スイス・フランスのラクレットチーズとゴーダは製法がほとんど同じですが、ラクレットは2日に1回は表面を磨かなければなりません。一方、ゴーダは輸送中のこの手間を省くため、ワックスをかけて好気性の発酵を調節しています。丸い形状についても、角があるとそこからヒビが入り、空気が入って雑カビが生えることを防ぐためです。こうして、ゴーダはアメリカ・カナダやインドなど世界中に輸出され成功を収めてきたのです。

小規模工房のナチュラルチーズづくりは十勝地方に次いで、九州で活発です。前述したオランダとの交易の歴史を考えると非常に興味深いところです。

いまだに乳製品需要伸びる欧州、日本も同様に

世界に目を向けると、チーズの先進地であるヨーロッパですら消費量がいまだに伸びています。つい5、6年前までチーズ消費量トップだったギリシャはフランスに抜かれ、さらに最近ではフランスですらオランダやデンマークに抜かれました。年間個人消費量で見ると、27kg超に上っています。これはちょっと信じ難い数字です。日本もヨーロッパ諸国と同じように急速に消費量が伸びています。

私は、鉄や電気に起因する健康への悪影響がチーズ消費の伸びに結び付いているとみています。

日本では古代から薬の1つとして乳製品を食べていたといわれていますよね。ただし、現在はチーズ製造にいろいろな技術があり、乳酸発酵させずに「チーズのようなもの」ができてしまう。これにはそれほどパワーがありません。風土に根差した伝統的な製法によるチーズをつくり、提供していく。そこに現代のチーズ職人は重きを置くべきだと考えます。

第2章　世界の酪農・乳業と日本の現在地

1　GM飼料の動向と対欧州貿易のつながり

次々起こされるGM訴訟、薬剤耐性も強まる

２０００年ごろから遺伝子組み換え（GM）飼料がアメリカを中心に台頭してきましたが、その弊害も次々と表面化してきました。

初めにカナダで訴訟が起きます。「隣の畑でGM種子を使ったため自分の畑に影響が出た」と、農家がGM種子を開発したバイオ化学メーカーを訴えました。判決は原告の農家側の負けですが、同様の訴訟が次から次へと起こされます。GM作物が雑草と交配して雑草の薬剤耐性が強くなってしまったのです。そうなるとGM種子を使うメリットがなくなります。薬剤で簡単に雑草が防除できる体系そのものが崩れるのですから。こうしたことに気付いた人たちはどんどんGM種子を使うのをやめ、旧来の種子を使いだします。さらに意識の進んだ農家は、自然農法や有機農法に切り替え、アメリカの全農家の15％以上を占めるまでに至りました。ちなみに、日本における同農法の農家の割合はまだ1％にも満たない状況です。

こうした農家を支えているのは、食品の安全性に注意を払っているアメリカの市民です。自分の健康、子どもたちの健康を守りたいという意識に変わってきていて、この動きは今後どんどん

加速するでしょう。

GM、ヨーロッパとの貿易、日本のGIは2015年が転機に

ここでポイントとなるのは、GM技術を持つアメリカのバイオ化学メーカーが2015年から2018年にかけて、630億ドルでドイツの薬品メーカーに買収されたことです。薬品メーカーは特許技術があれば薬の開発がしやすいので、大きなメリットがあります。一方、バイオ科学メーカーにしてみると膨大な数の訴訟に対応し切れなくなり、GM種子も売れなくなったというわけです。薬品メーカーは2020年、アメリカでの10万件近い訴訟について、責任も不正行為も認めずに、最大109億ドルを支払って和解した、と発表しています。

日本では、農水省が2016年に地理的表示（GI）保護制度をスタートさせました。私は、アメリカのこうした動きに呼応していると見ています。わが北海道十勝地域のラクレットチーズもGIの申請をし、2023年3月31日に取得しました。

日本の有機農業は同じ東アジアでも中国などに比べ、遅れているといわれています。政府がいくら旗を振って輸出に力を入れても、輸入に厳しい条件を付けるヨーロッパに日本の農産物はまだ対応できていません。

われわれの牧場は40年以上にわたり有機的な農業を続けてきました。この地でどうしたら有機農業ができるかを考え、ノウハウを積み上げてきました。ただ、「完全な有機農業」とはいえません。牛の餌には冬の体調管理のためにどうしても配合飼料を給与しなければなりません。非GM飼料を与えてはいますが、国産では賄い切れず、外国産も一部使っているので「完全」とは言い切れないのです。とはいえ、農水省は日本産のチーズを輸出しようと動いてくれています。ヨーロッパへの輸出に風穴を開けようと。

このように、アメリカのGMを巡る動向と、日本とヨーロッパとの貿易、日本におけるGIは全て2015年がターニングポイントになっていて、つながっているのです。

日本の乳質の高さに海外の注目が集まっている

フランスの乳業メーカーは、日本の乳業と合弁会社を立ち上げ北関東でチーズをつくり、販売しています。長野県松本市にはフランスのメーカーの研究所があります。フランスのメーカーは巨大な中国市場を見据えてアジアに進出しているのですが、どうして自国で生産したものを中国に輸出しないのでしょうか。1つには日本の乳の品質の高さがあります。他にも札幌ではイタリアの職人がナチュラルチーズの製造・販売で成功しています。

乳質の高さの他、もう1つ重要なことは商習慣の違いです。中国に工場を建てたフランスのメーカーは、生産が軌道に乗ったところで、近くに建った同じような工場にノウハウごと従業員が引き抜かれ、結局撤退してしまいました。それに比べれば日本は進出先としてはかなり安心です。日本の高品質な乳を使ってチーズをつくり、中国に高級品として売るという戦略でしょう。中国の富裕層は世界中のチーズを食べていて、そのおいしさを知っています。おいしいチーズ、おいしいワインを金に糸目を付けず欲しがっています。これをヨーロッパの関係者が見逃すはずがありません。中国の機嫌を損ねず販売するには、日本で製造して輸出するのが得策です。

われわれの牧場の生乳の生菌数は、800〜1,000個／dℓです。北海道は1万個以下を目標にしているようで、地域によりペナルティーの基準が決まっています。そしてミルクローリに入れた段階、乳業工場に入れた段階、殺菌直前と、時間の経過により生菌数が増えるので、それぞれ基準値も大きくなります。ちなみに、乳等省令では400万個以下と定められており大手乳業では殺菌工程が必要になりますが、当牧場は前述した生菌数なので無殺菌乳でもチーズがつくれます。無殺菌乳チーズは1995年のコーデックス委員会で国境を越え流通させてもいいと決まっています。

2　大規模・機械化進んでもモノづくりの原点は不変

人間の手仕事の良さ、意味を明確にしたい

ここ数年、酪農経営の大規模化が急速に進んでいます。搾乳作業のロボット化やＩＣＴが進展し、トラクターは人が乗っていなくても動きます。大規模農場では人が一番のコスト要因なので真っ先に機器などを導入するわけです。

ところが、ある農協幹部からこう聞き、私はうれしくなりました。「酪農家の半数以上は機械化しない。機械化するとコスト的に有利だと考えない人が半分以上いる」と。牛にじかに接して搾乳を機械任せにしない人が半数はいるということは、日本的なきめ細かな飼養管理が残るということです。牛を、乳を出す機械と考えず生き物ととらえて酪農にいそしむ人がまだまだいるということです。ただ、それが次世代にきちんと受け継がれるかどうか。ぜひ受け継いでほしいと願います。われわれの牧場ではできるだけ機械作業を外し、心身に不自由を抱えている人が餌やりや掃除などを丁寧に行うことで牛が非常に落ち着いています。そのことの良さを味で示したいですね。

人間が手仕事で牛を飼い、モノづくりをする。そのメリットがこれまであまり言われてきませ

んでした。けれども、これだけ機械化が進んだことで、手仕事の良さ、その意味を明確に定義する必要があると考えています。われわれの牧場では、その結果がチーズの味に表れています。レストランなどはそのチーズを提供することでお客さんにPRできます。

ただ、コロナ禍でそうした構図がいったん崩れてしまいました。売り上げは激減しましたが、それでも共働学舎のチーズは個人でも買えることを知った人がネットなどを通じて注文してくれて、コロナ禍の中でも一般の消費者は、おいしい手づくりのモノを求めていると確信が持てました。

「機械化で経済的に有利になる」は幻想

日本で経営規模の拡大が進んでいるといっても、世界レベルで見るとあまりにも小さい。例えばアメリカでは仕事の単位からして違います。トラクター仕事は畑1枚、2枚の単位ですから。日本の10倍、20倍にもなります。私がアメリカから帰国した時、頭の切り替えが大変でした。日本の場合は1反、2反の範囲で細かな畑の手当てをします。でもアメリカの畑だと1町歩はトラクターで2往復すれば済みます。ですから、日本はきめ細かな管理で対抗する他ないのです。TMRセンターに代表される作業外部化も地域に若者が定着するのなら意味があると思います。ただ、餌の品質を高め、値段が高くても買ってもらえるおいしい商品に結び付けるのはなかなか難しい。

経営規模を大きくすることで満足感を得たい気持ちも分かります。やりたい人は挑戦すればいいと思いますが、みんなが同じ方向に進む必要はありません。それよりも自分の土地の性格をよく観察し、その上でどのような草づくりをし、どのような牛を育て、どういう乳製品をつくっていくかを総合的に考える。それができる人は確実に生き残っていけるし、豊かな生活を送れると思います。

大規模化とともに搾乳ロボットの導入も急速に進んでいます。1台で60頭飼養をベースにすれば1家族が食べていけるよう設計されているようですが、実際は2台以上導入するケースが多いのはなぜでしょうか。2台以上にしないと機械の維持・修理費の関係で経済的に余裕が持てないからです。人の手であれば自分の生活費が賄える規模でよいので、安く済みます。そう考えると、機械化で経済的に有利になるというのは幻想ではないかと思います。

すると、「オーナーの労働負担は減らないのでは?」と言われます。でも機械、家畜、人間の事故が少なければいいのです。われわれの牧場の地下には炭を埋め、地下水を牛に飲ませ健康を保っています。そこには微生物の働きが介在し、微生物が良い仕事をすることで人の仕事が楽になります。

　牧場のスタッフは仕事内容を自己申告します。人数からすると3倍の仕事はこなせる計算ですが、休みたい人は休むし、朝晩仕事をしている人、夕方しか仕事に来ない人、ほとんど仕事をしない人もいます。本人の意思を大切にし、無理がかからないよう配慮しています。それでも牧場の仕事は回っているし経営は成り立っています。ちょっと矛盾しているように思われるかもしれませんが、これは非常に効率良くモノづくりをしているからです。経営規模は小さいのですが。経済主体ではなく、人間主体の考え方をしているからだと思います。

　では大規模化・機械化酪農と、人間の生活とモノづくりに重きを置く酪農のどちらが生き残るでしょうか。少なくともわれわれは生き残ると確信しています。おいしいチーズを求めている人がたくさんいるからです。人間が食事をして生き続ける限り、自然と一体となったモノづくりはなくならない。機械化、大規模化を否定はしませんが、食品、モノづくりの原点は不変です。

第3章　環境を理解すれば未来が見える

1 地理的条件に目を向け、きめ細かなモノづくりを

夕日が発酵に関与し深い味わいに

日本において、大型化や機械化ではできないきめ細かなモノづくりをどう行うか。私は地理的条件に目を向けるべきだと考えています。このことはヨーロッパで話をすると聞く耳を持ってくれるのですが、日本ではまだ早いかもしれません。

日本地図を広げて産業分布を見てみると、朝日の当たる東面の地域、夕日の当たる西面の地域では特徴が大きく異なります。漁業で例えれば、シシャモは北海道十勝管内広尾町沖でたくさん取れるのですが、わざわざ胆振管内むかわ町で陸揚げし、むかわ町の夕日で干してむかわ町の特産品として出荷されます。その方が高く売れるからです。広尾町では、日高山脈に遮られて夕日に当てることができません。また、明太子はなぜ九州・福岡の特産品なのでしょうか。北海道の襟裳岬の沖合で取れたタラの子をわざわざ福岡まで運ぶ理由は何でしょうか。韓国や中国から伝来した技術を持っていたから、ということもありますが、北海道に比べて九州・福岡は夕日が当たる時間が長いからではないでしょうか。そういう視点を持ち、どこで何がつくられているか地図上に描いてみると面白いことが分かります。

箱根岳に遮られ、全く夕日が当たらない神奈川県小田原市には発酵食品がありません。かまぼこやチョコレートなどが特産品です。みかんは和歌山県や愛媛県の特産品ですが、どちらも西日が当たる地域です。

では、われわれの牧場はどうでしょう。実は日光のことを考える前に入植してしまったのですが、真南に向いていて、それほど悪い条件ではありません。夕日は標高600mの山の鞍部（あんぶ）を通って差し込みます。牧場の標高は240mなので少ししか夕日が当たらず、同じ十勝管内の本別町や足寄町、池田町には当たります。だから本別町は豆、池田町はワインが特産品になっているのです。一方、日高山脈に張り付いている、われわれの牧場のある新得町はじめ清水町や帯広市には発酵品があまりありません。

イタリアのワイン・チーズとフランスのワイン・チーズに味の違いがあるといわれています。イタリアは午前中に日が当たり比較的生産量は多いのですが、深く熟成した味わいは難しい。だから地下で熟成させます。一方のフランスは、生産力は弱いのですが、ボルドー地方にしろノルマンディー地方にしろ夕日が当たるので発酵が味わいを深めてくれます。フランス国内でも、日の当たる面の違いでブルゴーニュ地方とボルドー地方の白ワインの味は違います。この話は、ヨーロッパの人はもちろん、ワインやチーズを楽しんでいる日本人にも納得してもらえると思います。

日本の水は微生物が「生きやすい」

水も大きな地域的要因です。軟水と硬水はどこで違いが出るでしょうか。

フランスのエビアンは硬度が1ℓ当たり約304㎎の硬水で、味があるといわれています。それはミネラルがたくさん入っているからです。エビアンの水は、フランスアルプス山脈の標高4、800mのモンブランや4、500mのマッターホルンなどに降り積もった雪が解けて、植物の層を経ずに平地に湧き出たものです。一方、日本の山は2、000m級で、イオン化された要素が多くミネラルの風味が強く出ます。植物が生存できるのは平均2、300mくらいといわれているので、つまりは植物に覆われています。従って、雪や雨が降ると土に当たる前に植物の根に触れます。植物は朝、水を吸い上げて夕方に吐き出します。水は植物という生体内にいったん入って出て、それが地中に染み込んで長い時間をかけて平地に湧き出します。それこそが軟水なのです。植物も人間も同じ炭素系の生物なので、いったん植物の体内を経た水は人間の体にとっても優しい性質になります。この仕組みが理解できると軟水の方がなぜ飲みやすく感じるか、吸収しやすいかが納得できます。植物を経た軟水はミネラルバランスが取れているので発酵を促す微生物が繁殖しやすいという特徴があります。日本とヨーロッパを比べると日本の水の方が生物にとって「生きやすい」のです。

日本は火山国ですが、火山があって噴火して被害が出る可能性があっても人が住み続けている理由がそこにあると思います。火山付近の方が植物も食物も豊かだからです。第1章で紹介したジャレド・ダイアモンドの「銃・病原菌・鉄」の中で、非常に優れた文化を持っていたのに滅亡した4民族としてマヤ、インカ、ダーナとともに縄文人を挙げています。この4民族が住んでいたのは全て火山国です。それが「銃・病原菌・鉄」を持ってきた民族によって駆逐されてしまった。著書では触れていませんが、私は水や食物が大いに関係しているとにらんでいます。

2　日本でのチーズづくりに適したブラウンスイス

歩留まり良く、コスト的にも優れる

私はチーズをつくるのなら、ブラウンスイス種に目を向けるべきだと考えています。ホルスタインの乳1tからチーズをつくると、100kg程度しかできませんが、ブラウンスイスは乳脂肪分、タンパク質が多く、少なくても120kgはできます。当牧場だと130～140kgできます し、ソフト系チーズだともっと歩留まりが良くなります。しかも、チーズ製造の加熱・殺菌などにかかるコストは乳の量に左右されるので、同じ量からたくさんチーズをつくれる方がよいわけです。そのことに気付いている人はあまりいません。

歩留まりで言えば、ブラウンスイスより優れた品種もいますし、ヨーロッパではそれぞれの地域に適した品種を使っています。その中で日本に合っているのがブラウンスイスです。ブラウンスイスは元々、山を歩く牛なので肢腰が強く、草を食べて生乳をつくる還元率が高い。その上、チーズづくりの歩留まりが高いのです。日本ではジャージーも飼われていますが、脂肪球が大き過ぎてチーズではなくバターやクリームに向いているといわれています。ヨーロッパではそうして残った脱脂乳でカッテージチーズをつくっています。これがジャージー乳の利用体系です。ま

た、脂肪球、タンパク球が大きいと味、食感が大ざっぱになるといわれています。

ブラウンスイスは現在、日本国内で5、000頭以上飼われていると思われます。日本のブラウンスイスの精液はアメリカ・カナダ産が多いようです。ヨーロッパの精液は高価ですし、ニュージーランドやオーストラリア産はアメリカ・カナダ産に比べて能力の問題があり手に入れるのは難しそうです。

優秀なブラウンスイスの精液を日本でも採取していますが、絶対頭数が少ないのでなかなか使いにくいのが実情です。現在、北海道ホルスタイン農協の中にブラウンスイスの協会事務局を置いて活動しています。府県の会員も合わせ30人以上のメンバーがいます。コロナ禍でなかなか活動できなかったのですが、1月に総会を開き、4月に畜産試験場で勉強会、9月にチーズの販売イベントなどを行っています。

北海道では三元交配による地域環境に合った乳牛改良も進んでいますが、私がアメリカの牧場で得た経験で言うと、数十年単位の時間が必要なことは明らかです。個人的にはミルクを搾るのならホルスタイン、バターやアイスクリームにはジャージー、チーズにはブラウンスイスなどと目指すゴールに合わせて既存品種を使いこなす方が現実的だと思います。

7割程度がA2ミルクだが、機能をきちんと認識することも必要

近年、健康に良い、おなかがゴロゴロしないと、A2ミルクが注目されています。A2ミルクは、乳中タンパクのβカゼインがA2タイプのミルクのことで、乳牛の遺伝子により決まります。オセアニア地域を中心に製品化されていて、このほど日本でも協会が発足したと聞いています。

ブラウンスイスはそもそも7割程度がA2ミルクを出すといわれていて、その点でも大いに可能性があると感じていますが、その場合、A2ミルクの持つ機能をきちんと認識することも必要だと考えます。詳しく説明すると長くなるので割愛しますが、A2ミルクには免疫力を向上させる効果が高いようです。しかし、ここで問題なのは、A2ミルクをそのまま飲むのがいいのか、チーズにしても免疫力は維持されるのか、です。その点について、科学的データをそろえるまでには個人的に至っていません。スイスではA2チーズは既に商品化されているはずですが、コロナ禍で現地確認できる状況ではありませんでした。そもそも、日本にこうした情報が入るのは、現地でビジネスとして確立されてからになります。

第2章の1で、ヨーロッパはアメリカの遺伝子組み換え農産物に、AOC（原産地統制呼称）制度などで対抗し、ヨーロッパに軍配が上がったこと、日本もGI（地理的表示）保護制度が始まったことを紹介しました。こうした世界の構図が日本にどれだけ伝わっているかを踏まえれば

海外の高度な情報戦略が想像できると思います。

Ａ２ミルクを語るとき、もう１つ注意すべきことがあります。Ａ２の機能を強調するあまり乳の機能そのものの大切さを忘れてはいけません。本来、哺乳動物の母乳は、まだ食料を消化できない子に吸収しやすい形で与えるものです。子は成長に伴い乳糖を消化できなくなり、自ら食料を摂取するようになります。アンチ牛乳論者は、これを根拠に大人に牛乳は不要と言いますが、世界的に乳製品の消費が伸びているのはなぜでしょうか。乳をチーズに加工してラクトフェリンを摂取すれば免疫力が高まることを特にヨーロッパの人たちは知っているからでしょう。そして本書で述べてきたように、チーズなどの乳製品の摂取が鉄文化による免疫力低下を食い止めていると私は考えています。

3　アメリカとは違う土俵、マーケットで勝負

生乳を運ばない、機械を通さない

われわれの牧場は、フランスのチーズのＡＯＣ（原産地呼称統制）を立ち上げ、長く会長を務めた故ジャン・ユベール氏の助言の下、つくられたものです。ユベール氏はチーズづくりに大切なこととして、「生乳を運ばない」「ポンプを使わない」ことをアドバイスしてくれました。私は最初「はて、どういうことだろう」と思いましたが、言葉の意味が理解できると、その日の夜のうちに工房の設計図を描き上げました。

原理はこうです。電気製品は、命を持っている乳のエネルギー、要するにマイナス電子なのですが、それを取り除いてしまう。牧場内には通常、搾乳の際のミルカのポンプ、バルククーラに入れるポンプ、そこで冷やすために使われるモータがあります。さらにはミルクローリに入れるためのポンプ、乳業工場に入れるためのポンプがあり、工場内でも製品化までに幾つかのポンプを経ています。合計7、8回はポンプなどを通って、乳はチーズバットに入るといわれています。

ユベール氏は、そういったポンプを何度も経た乳でつくるチーズは、満足する味にならないことを知っていたのです。われわれの牧場では、ミルカのポンプは使わざるを得ませんが、そこか

ら先、搾乳場から工房へは10m以下のパイプでつながっていて、自然流下で生乳がチーズバットに入る仕組みになっています。

運ばない、機械を通さないことは免疫力で見ても大切です。例えば、子牛の免疫力のために生後、できるだけ早く子牛に初乳を与えなければならないことは酪農家なら誰もが知っていることです。これを電子の流れで見てみると、まず生きていれば母牛も子牛も電位を持っています。母牛からマイナス電子を持った乳が、電位が外に出ない状態で、子牛にじかに伝わるのが理想です。現実的には乳房炎の関係で母牛の乳頭から初乳を直接吸わせるのは難しいのですが、その方が免疫力で見ると良いのです。また、こうした初乳はイオン分解されているので栄養素が吸収しやすくなってもいます。しかし、いったん母牛から離れて冷蔵庫などで冷やすと電気的エネルギーが抜けてしまうのです。

牛乳消費がメインの日本ですら飲用消費は右肩下がり

私はアメリカの農場で実習し、ウィスコンシン大学で学びましたが、帰国時の飛行機で決意したことは「アメリカの農業のまねはしない」でした。周りから「お金を使ってせっかくアメリカで学んできたことを否定するのか」と散々言われましたが、アメリカの大型・機械化農業のすごさは身に染みて分かりました。だからこそまねはできないのです。

日本国内で見ると北海道の農地は広い方ですが、それでもアメリカの1／10～1／20以下です。そこでアメリカと同じ技術で農産物をつくっても勝ち目がありません。違う土俵、マーケットで勝負しなければ牧場が存続しないと考えました。

こうして、チーズ製造・販売を経営の柱に据えたのですが、「チーズは輸入されていて海外の価格に影響される。しかし生乳は輸入されていないし国の補助も厚いので日本国内で生き残っていけるのではないか」といった考え方もあります。でも、どうでしょう。ご存じのように、牛乳消費がメインの日本ですら飲用消費は右肩下がりで落ちていて、逆にチーズの消費は伸びる傾向にあります。

これは何度も説明しているように、哺乳動物は元来、離乳後は乳を飲まなくなること、従って鉄文化の現代社会の中で成人が免疫力を保っていくためには、乳の中にあるラクトフェリンを固形物として持っているチーズを摂取するのが最適だと、ヨーロッパはもちろん、日本でも知らず知らずに気付いていている人が増えているからだと思います。

実際、日本の酪農家もそこに早く気付いて、将来を見越して進んだ方がよいと思います。

日本の乳価は飲用と加工向けが逆転

2005年に北海道・帯広市でナチュラルチーズ国際交流会議を開いた時、海外の多くの参加者から「日本の乳価は飲用と加工向けが逆転しているのではないか。理解に苦しむ」と指摘されました。私が、加工向けの乳価は輸入乳製品の価格に合わせているからだと説明しても「それは不自然だ」と取り合ってくれません。

日EU・EPAなどによりハード系チーズの関税は段階的に撤廃されます。世界の中で日本の酪農がどうすれば生き残っていけるのかをもう考えなければなりません。残された時間はわずかです。

一方で「乳製品が輸入品に置き換われば、国内の生乳はもっと飲用にシフトするのではないか」と見る向きもあります。でも、繰り返しますが、哺乳動物である人間は成長すると7~8割は乳糖を消化できません。それを消化できるようにしているのがチーズです。おなかをゴロゴロさせるリスクを冒すよりチーズを食べればよいわけです。しかも、流通で考えてもチーズは牛乳という液体で運ぶより重さが1／10で済みます。こうしたことをヨーロッパの人たちは知っているからこそ、先ほどの疑問をぶつけてきたのです。

現行制度、消費構造が今後も続くのか疑問

また、「全ての牧場がチーズをつくって経営できるわけではない」という否定的な意見もよく耳にします。もちろん、規模拡大して大型化のメリットを追求することを否定しません。ただし、それは現行の指定団体制度、不足払い制度があってのことで、個人的にはいつまで続くのか不安があります。

ヨーロッパやアメリカでさえ、みんなが大規模化しているわけではありません。大型化によって乳としての商品価値が下がるとともに機械の維持・更新費用がかかり、見掛け上の経済規模は大きくなったとしても利益は薄くなります。日本の飲用中心の消費、制度はすぐには変わらないでしょうが、今後も現行制度、消費構造が続く前提で経営の先行きを考え、投資を続けていたら良い結果にはならないでしょう。

4　日本の特殊性を生かした農法に学ぶ点多い

江戸中期の安藤昌益の独自技術に学ぶ

ＳＤＧｓという言葉をあちこちで耳にしていると思います。Sustainable Development Goalsの略で、「持続可能な開発目標」と訳されています。では、日本の農業・酪農の分野で持続可能な技術の実現は可能なのでしょうか。この問いに対しては、自然の潜在力を引き出す知恵を探し、実践で確認しながら方法論を確立できれば可能性は広がると思います。欧米のコピーではなく、日本の特殊性を生かした農法には学ぶところが多くあります。代表例として江戸中期の農の思想家・安藤昌益の功績を挙げます。彼は、ウィキペディアでは「医師・思想家・哲学家・革命家」と紹介されていますが、多くの示唆に富んだ農法を提案しています。

彼は出羽（現在の秋田県）の豪農の出で、南部（現在の青森県）八戸で医師として開業した後、郷里に戻りました。農業技術の研究を熱心に続けていて、地元農家に土地に合った農法を指導し民主的かつ優れた営農集団をつくり上げたといわれています。いろんな著書があり、農業技術で言えば、作物別の畝の間隔や向き（南北につくる）などが記されています。物理学的な説明はないのですが、実践することで収穫が上がったという実績があったからこそ、今でも安藤の名や書物が残っているのでしょう。

近代になり、西洋の技術が入ってきて、安藤のような日本独自の技術は忘れ去られてしまいました。私は、海外から輸入した技術ばかりではなく、地域の環境に適した農法を今こそ学ぶべきだと思います。

安藤の農法を物理学的に見ると、次のように説明できるでしょう。日本の土壌は多くが火山灰土の酸性で、海底が隆起してできた欧米の多くはアルカリ性です。火山灰土は石灰質（アルカリ性）に比べて電気伝導度が高い。太陽が昇ると電子が移動し電位を持ちますが、これが植物にとってとても必要なことなのです。

また畝の間隔によって土壌のエネルギーの種類が決まります。これと作物の種類の波長が合うと作物の成長が良くなります。地面のエネルギーを作物に適したものにすることで、雑草より優位な作物の生育につながるのです。

こうした理論を現場感覚で知っていたのが安藤です。今の日本でも生かすべき大切な視点、技術だと思います。先人の知恵が残っているうちに近代風にアレンジし活用すべきです。

欧米の土壌に合った農法では効率悪く

安藤昌益の他にもう一人、注目すべき人物としてアメリカの世界的な生物・化学・物理学者のP・S・キャラハン博士を紹介します。

彼は第2次世界大戦時、国の命令で潜水艦の位置を探査できる長周波のレーダーを開発しました。連合国軍最高司令官のダグラス・マッカーサーと共に日本に来たことがあります。レーダー基地の候補地を探すためでした。彼が選んだのは全て火山灰地で、他の土壌と比べ電気伝導度が高いため電波の受信率も高かったそうです。私はアメリカの彼のお宅に伺い話を聞きました。「日本でレーダーの候補地を探すのは簡単だった。ほとんど火山灰地だったから」と言っていました。

この話を北海道の試験研究機関の研究員に話したところ、「日本の民間の農業技術として土着の土壌菌を使った自然農法があるが、うまくいく地域とそうではない地域がある。その違いはなぜだろう」と聞かれました。私は、表層に伝導度の良い土壌と悪い石灰がある土壌では電気伝導度が違い、土壌のパワーが違うから当然、と答えました。

火山灰土に欧米の石灰質土壌に合った農法をやみくもに導入しても効率が悪くなるだけです。限られた国土、農地面積の日本では、地域に合った農法により効率的に農産物をつくる必要があります。ただし、火山灰土にも多くの種類があるので、それを調べ調整して作物に合うようにする必要があります。

また、乳牛は欧米の品種なので基本的に日本の酸性土で育った牧草と合いません。ですから石灰、当牧場では貝化石ですが、それをまいてpH調整しています。

「うま味がある」は「栄養素が吸収されやすい状態」

さて、これは農業技術ではありませんが、日本発で世界に広まったものに、「うま味」という味覚表現があります。全ての人の舌にうま味に対する知覚能力があることが2000年に証明され、世界的に認められました。成分としてはグルタミン酸、イノシン酸、グアニル酸が主で、代表的なのがタンパク質を構成する20種類のアミノ酸の1つであるグルタミン酸です。人間は、タンパク質や糖分の段階では分子が大き過ぎて吸収できないため、腸内で分解しアミノ酸や短鎖ペプチドにして吸収しています。でも、人間は既に口の中に入った段階でうま味としてこれを感じていることになります。

英語、フランス語にうま味という言葉はありません。チーズやワインの分野では「熟成した味」と表現しています。それが味覚をそそることを認識しているから、長い時間をかけて熟成させているのです。さらに、うま味を言い換えれば「栄養素が吸収されやすい状態」であり、だからこそおいしく感じるのです。

また、日本人は「苦味」に比較的寛容です。焦げた焼き魚もバランスさえ取れていればおいしく感じます。一方、ヨーロッパでは苦味があると否定されがちです。ただし、チーズをつくっている人たちはうま味があってバランスが取れていれば苦味に寛容です。日本人の方が苦味に対する評価が安定しているといえます。

北海道産の濃厚飼料生産に期待

北海道ではラップによるサイレージ調製が多く見られますが、当牧場では採用していません。水分が多い状態でラップ調製すると、酪酸発酵し乳にも影響しやすくなります。そうした乳でつくったチーズには苦味が出てしまいます。いくら苦味に寛容な日本人でも、これが前面に出てしまうと商品になりません。

その意味でもチーズをつくるなら放牧酪農、山地酪農は有効です。ただし、牛は本来、アルカリ性土壌で育った草を食べてきた歴史があるので、牛が好む草にするための土づくりに努めることは必須です。

北海道では冬の舎飼いが避けられないので、濃厚飼料を食べさせる期間があります。最近は道産の濃厚飼料をつくる取り組みが見られるようになってきました。輸入飼料価格の高止まりが続いている影響でしょうが、こうした取り組みが各地に広がることを大いに期待しています。

第4章　酪農危機下の〝チーズ考〟

1 対処療法で乗り越えられるとは思えない

乳製品消費の伸びをいかに成長させるか

日本の酪農は、外国から安い餌を買って乳を搾るという局面から随分変わってしまいました。国も「海外の穀物に依存する酪農から脱却し、国産の餌体系をつくらなければなりません」と言い出すほどです。われわれ共働学舎新得農場では何年も前から、そうした方向性を模索してきました。ホルスタイン種ではなくブラウンスイス種の飼養も具体策の1つです。

私は、日本酪農全体がこうした方向に突然かじを切りつつあることに驚くと同時に、どうしてそれを目指さなければならないのか、酪農家に明確に理由を示す必要があると思います。そうしないと、酪農は多大な投資を必要とする産業なだけに危険な事態に陥ると思います。

執筆時は生乳が余っている状況ですが、新型コロナ前のトレンドを見れば乳製品の消費は伸びています。ですから、その伸びをいかに成長させるかが問われているのです。過去の減産で食紅を生乳に入れて川に流す映像がテレビに映し出されましたが、これが一般の消費者に非常に悪いイメージを与えてしまいました。あの過ちを繰り返してはなりません。

需要回復には時間がかかる

昨今の餌の高騰は、近年の高止まり傾向に、世界の穀倉地帯であるウクライナにロシアが侵攻したことで拍車がかかりました。しかも、戦況を見る限り短期で済むように思えませんし円安の影響も大きい。一時的な高騰でないとすると、対処療法でこの畜産危機を乗り越えられるとは思えません。新型コロナウイルス感染症流行前の生乳需給がひっ迫していた時に大型投資に踏み切った経営は相当苦しくなるでしょう。2022年度は、乳価は下がらなかったのですが、今後の乳価水準がどうなっていくのか予想するのは難しいところです。

コロナ禍が収束したとしても、果たして以前のように需要が回復するでしょうか。以前の需給ひっ迫は、インバウンド消費に支えられていた部分が大きい。しかし今の国際情勢を見る限り、欧米やアジアからの観光客がコロナ前の水準に戻るにはそれなりに時間を要するでしょう。しかも国内では少子化が進み、給食向けの牛乳の量は減っていくのです。

経営の中に伸びしろを見つける

こうした状況に酪農家はどう向き合えばいいのでしょうか。やはり経営の中身を見直すしかありません。餌は可能な限り自給してコストを下げる。乳量を追求するのではなく、土地を生かした経営にシフトする。そうしないと成り立たないと思います。そこで考えるべきは、日本の土壌の多くは火山灰土であり、ヨーロッパの酪農地帯の土壌と違っていることを踏まえた土づくり、草づくりです。

自分の土地に適した草をつくり、その草に適した品種の牛を飼う。それによって乳量が減ったとしても、われわれの牧場のようにチーズをつくり収益性を上げることができます。チーズは、生乳の歩留まりを良くすれば収益性はさらに上がります。

このように、乳量に立脚した既存の考え方から脱却し、経営の中に伸びしろを見つけること、または伸びしろをつくり出せる部門を見つけるべく発想を転換することが必要なのです。

国は子実トウモロコシの生産を増やす方向も示していますが、やはり乳量中心の発想であることに変わりなく、このままでは餌のコスト上昇の影響から逃れられません。一定の乳量を搾ったとしても、自分の可処分所得は減るので、頭数を増やす方向に進みがちです。しかし増頭すればするほど、餌と労働力のコストは上がるという悪循環に陥ります。

大型経営体が廃業する事態になれば、大規模であればあるほど地域の生産基盤の弱体化に直結します。では最近、大型投資をした経営はこの危機をどうしのぐか。思いつくのは餌コストを下げることと、加工に取り組み乳の付加価値を上げることくらいです。ただし、後者の場合、売れる商品はそう簡単にできるものではありません。となると、多少乳量が減るにしても餌コストを下げ、人件費を賄っていくしかないと思います。

2　チーズに活路あるが、外国産との競争は激化

紛争が影落とすヨーロッパ

穀物高騰の要因となっているウクライナとロシアの紛争の報道を見ると、国境が地続きであるが故にこれまで何度も行われてきたヨーロッパにおける争いは、現代においても変わらず起きてしまうのだな、と感じます。

われわれの牧場が、２００２年の第1回大会から参加し、04年に最高位賞を獲得しましたヨーロッパの「山のチーズオリンピック」も現在は休止状態です。紛争による避難民が増え過ぎて、自分たちの産業をＰＲするお金が使えなくなってきたこと、またニュースバリューが薄まり人々の関心が低くなってきたことがその理由に挙げられます。小規模にしてコンテストは続いていますが、以前のような大規模イベントではなくなりました。

増える国内大会への参加工房

日本国内のチーズに関する大会は、中央酪農会議が主催するオールジャパン・ナチュラルチーズコンテストと、チーズプロフェッショナル協会が主催するジャパンチーズアワードがあります。

前者は２０２３年で14回目、後者は２０２２年で５回目となりますが、このコンテストに参加する工房が少しずつ増えている状況に変わりはありません。この点からも、飲用からヨーグルトやチーズに消費構造が移行していること、日本におけるチーズ文化の進展がうかがえます。

ヨーロッパでは日本の10倍、１人当たり年間27kg以上チーズを食べていて、いまだに消費量は増えているのですから、日本でもこれに近い水準になる可能性は十分にあると期待できます。

今は日本においてチーズ消費を増やすためのとても大切な時期といえます。なぜチーズを食べると体に良いのか、しっかり消費者に説明する時期に来ていると思います。チーズという成長分野をうまく育てていかなければ、酪農は今以上の危機に見舞われるでしょう。

とはいえ、われわれの牧場もコロナ禍の当初、レストランなどの外食需要がガクンと減り、かなり苦しい経営状況に陥りました。売り上げの６割近くは外食向け需要でしたから。１カ月ほど工房を休んで、30年近くたった施設・機器などの修繕期間に充てました。60人のメンバーを抱えているのでこの間は金銭的には大変でした。２０２２年にはコロナ前の10％減くらいまで戻っています。

「経済計算」できなければ生き残れず

酪農家の中には、生乳が余って乳価も上がらないのなら、肉の生産にシフトしようという人も少なくないようです。われわれの牧場はチーズ生産を経営のメインにしているので、肉の生産にはそれほど興味は持っていないのですが、コロナ禍前はブラウンスイスの去勢雄を販売し、そこそこ売れていたので、状況を見て再開しようとは思っています。ただ、肉牛は育ててお金になるまでに2年かかるので、その間は餌代などの経費が出ていくばかりです。そこが生乳出荷、チーズ加工とは違うところです。

チーズ工房の経営は、生乳を搾って販売は指定団体任せの経営とは事情が大きく異なります。その背景には、チーズはEUとの貿易交渉で、関税が段階的に引き下げられて最終的には撤廃されることが決まっていることがあります。

外国から質の良いチーズが安く輸入される中で、ネームバリューの低い新規の国内工房が売り上げを確保するのは容易ではありません。初めは物珍しさから売れるかもしれませんが、価格と味を吟味された後も生き残れるかどうかが問われています。

国内には趣味程度にチーズをつくる所も含め工房は300以上あります。そうした工房もこれまでは何とか継続できたかもしれませんが、今後はより外国産との競争が進み厳しくなるのは間違いないでしょう。ただやってみたいから、ではなく、ビジネスとして成り立つよう経済計算に基づく事業展開をしなければ生き残れません。

3　日本独自のチーズをつくり、外国産と差別化を

ヨーグルトより吸収工程で優位

日本の乳ビジネスの構造は、言うまでもなく飲用が基本なので、いまだに補助金は飲用がベースモデルです。ところが飲用の消費割合は徐々に下がり、今後もこの流れは続くでしょう。下がった分をチーズに振り向けたとしても今後、外国産がさらに安く入ってきます。これまでの外国産チーズとの抱き合わせ制度もなくなるでしょう。ですから、国産チーズが競争力を持つためには日本の水、風土の中で発酵させた、日本ならではのチーズをつくり、外国産との差別化を図る必要があります。そうしたチーズの方が、日本人の体に合っていて、免疫力の向上にも寄与するということを消費者に明確に提示していくことです。

ヨーグルトでは乳業大手各社が、いろいろな乳酸菌を用い特長をアピールしていますがチーズはまだまだです。ヨーグルトは菌にもよりますが酸味が強くなります。同時にヨーグルトは水分を捨てないので生産側としては得という面もあります。

またヨーグルトはチーズと違い、レンネットという凝固剤を使わず半固形の状態までもっていきます。一方、われわれ哺乳動物が幼児の時、どんな仕組みで母乳を消化し免疫力を立ち上げ、

体をつくっていくかというと、レンネットによって、ホエーという液体部分を流してタンパク質の塊を残し、少しずつ分解してペプチドを経てアミノ酸までほぐしていき、吸収できるようにしています。液状だとこの工程の時間が稼げません。哺乳動物は固体にして胃袋に持たせることができたからこそ、これほどまでに地球上に生息数を増やしたのだと思います。レンネットという酵素で母乳を固められることがチーズの大きなメリットで、これをPRして消費増につなげるべきです。いずれにしろ、ヨーグルトの商品開発力は大手乳業にはかないませんし…。

　では、大人の哺乳動物であるわれわれがどうして乳製品を食べなければならないのでしょうか。「離乳した後は乳製品を取る必要がない」と言うアンチミルク論者やビーガン（完全菜食主義者）は少なくありません。しかし、私は逆に「現代こそ、きちんと乳酸発酵させたチーズを食べなければならない」と主張します。鉄文化、電磁波の乱れといった現代でチーズが必要なことは第1章で詳しく説明した通りです。

　欧米と同様に日本もチーズ消費が伸びています。輸入品に対抗できるようチーズ向け乳代に補助金が付いていますが、現行通りの枠組みでは経済的に難しい。乳価、補助金の仕組みを改定し、チーズ生産に対する酪農家のイメージを大きく変えないと、日本でチーズをつくり経済的に成り立たせるのは容易ではないでしょう。

集乳方法にも欧州と大きな違い

チーズ消費が今後、伸びていく中で、工房は大手乳業とどう差別化を図るかが大切になります。大手は情報をいろいろ持っていますが、牛を実際に飼ったことがある人はそういません。われわれのように現場を踏まえて考える立場とは自ずと思考が違ってきます。私は、この土地でどうしたら質の高いチーズをつくれるかを考え、牛の品種、牛舎・搾乳、糞尿処理などの仕組みをつくり、経済的に成り立たせました。

世界の大手乳業は、大規模工場を建てて製造すると大体いくらで乳製品を売れるのか、そのためには1日どれくらい生乳を集めなければならないか計算できています。従って、不特定多数から集める生乳は相当な量に上ります。

一方、ＡＯＰ（原産地保護呼称）などの認証を受けたチーズをつくる工場は2割近くあります。フランスのＡＯＣ（原産地管理呼称）だと、集乳のため25㎞以上の距離を運搬してはならないことになっています。北海道の状況と比べるべくもありません。スイスだとタンクをけん引して運ぶのですが、冷蔵装置すら付いていません。バルククーラに入れずに夕方、直接タンクに入れた生乳をチーズ工場まで運び、その日の夜から発酵工程に進みます。冷蔵処理すると生乳中の微生物が変わり、おいしいチーズにならないからです。

日本でも、合乳した原料で無殺菌チーズをつくることは法律上では可能です。ただ、どこかの牧場で雑菌が入る可能性はあるので、リスクは大きくなります。ですから、牧場と工房の1対1で生乳のやり取りをしている状況です。

スイスにしろフランスにしろ、小規模ながら乳業として経営が成り立つのは、ある程度の乳量を確保しているからです。チーズの価格は日本の1／3なのに。日本ではまだまだ趣味の延長の工房が少なくありません。しかし、だからこそ発展の可能性があるともいえます。

4　無殺菌を前面に打ち出したチーズがもっと増えていい

地域の特徴を味で表現

酪農家がチーズで所得を上げるためにどんな商品づくりが求められるのでしょうか。まず大切なのは、地域の特徴をチーズの味で表現しているか、ということです。

われわれの牧場のチーズの特徴は「十勝北部の自然環境を表した味」です。このために、購入飼料を極力減らし、火山灰土で酸性が強いけれども草地で育った牧草を放牧で食べさせています。そして、草を食べて搾った乳からチーズを生産する効率に優れていて、肢腰が強く山地の放牧に適するブラウンスイスを飼っています。通常、1tの乳から100kgのチーズを製造できますが、それが当社では135kgになります。

つまり、チーズの製造コストは液体の量に関係するので、35kg分は製造コストがかかっていないといえます。チーズの歩留まりが良いことは、単に製造量だけでなく、製造段階のコスト的にも、かなり有利に働くわけです。

でも、果たして、こうした計算をしてチーズをつくっている人がどれだけいるでしょうか。

コンサルタントが日本にいない理由

日本には、チーズの製造法を教えられる人はいます。ただ、そうした人はたいてい大手乳業のOBです。大手乳業では合乳した生乳を原料としていますが、生乳中の生菌数が多ければ、それだけ生乳の栄養素を食べて分泌物を出すので殺菌工程が必要になります。ですから、質にこだわった乳を生産して、それを原料にチーズをつくっている工房とは自ずと事情が違ってきます。殺菌することで風土の特徴は相当薄まってしまうので、土壌、水などの環境を踏まえ、「乳の特性はこうだから、こんなチーズをつくった方がいい」といったアドバイスができないのです。

ヨーロッパではこうしたコンサルタントが職業として何十年も前から成り立っています。実際に生産して経験を積み、実績を上げることで社会的にコンサルタントとして認められます。われわれの工房も過去3人のフランス人に指導を仰ぎました。それぞれ特徴がありましたが、3人目は「経営の立て直し屋」でした。

日本ではチーズ文化の歴史がまだ浅く、こうしたコンサルタントを養うほどの工房の裾野がないので、これまで存在しなかったのでしょう。

コストは下がるが飼養管理に手間

日本でも、堂々と無殺菌を前面に打ち出したチーズがもっと増えればいいと思います。無殺菌チーズはガット・ウルグアイラウンドで国際的にも認められています。ただし、日本では最近になりＨＡＣＣＰの認証が求められるようになりました。

無殺菌乳でチーズをつくると、コストは下がりますし製造工程の時間も短縮されます。一方で無殺菌乳を生産できる飼養管理は手間がかかります。ちなみにヤギ乳は熱を加えると成分が壊れてしまうので無殺菌でつくることになります。ヤギの乳量は少ないのですが、改良すれば１日６kg搾れます。羊は脂肪球、タンパク球が大きく歩留まりもいいのですが絶対的な乳量が少ないのでソフト系チーズには不向きです。ヨーロッパでは牛を飼えない山地で羊を飼って生活費の足しにしています。

話を戻します。日本では、２０１８年に畜安法が改定されたこともあり、例えばフランスのように25㎞圏内の酪農家から集乳してチーズ工場に運び入れることは可能です。ただし、ほどほどの価格のおいしいチーズをつくり、そのチーズが人々の食生活を支えるようにならないと商売にはなりません。

私もチーズづくりを始めて６年くらいはとても苦労して、販売しやすいモッツァレラの製造で何とかその時期をしのぎました。その後、13年たってフランス系のチーズにターゲットを絞ることにして、日本らしく桜の花びらをのせたチーズ「さくら」を開発し、それがスイスの山のチーズオリンピックで金メダルを獲得しました。

ですから、ラッキーといえば、ラッキーなのですが、コンテスト会場で「チーズに花をのせて出品したのは世界であなたたちが初めてですよ」と言われたので、目の付け所が良かったのでしょうね。

5　好まれる味は時代により変わる

製法を表示し消費者の関心集める

「われわれ酪農家の経営は非常に苦しいのに、乳業メーカーはいつももうかっている」と陰口を言う人がいます。では、なぜ乳業メーカーの経営はピンチにならないのでしょうか。

まず、絶対に乳の消費量は落ちないという前提があります。乳業メーカーは現在、日本の乳ばかりでなく、オセアニアから安い原料を輸入して日本で加工・販売し、消費も伸びているので収益は極端には落ちません。ただし、輸入原料の価格が高くなってきたことや国内の需給緩和などから輸入原料は減少傾向にあります。

加えて、日本の消費者もチーズの味が分かるようになってきました。プロセスチーズよりナチュラルチーズの消費が多くなっていることにも、チーズがビジネスとして伸びていく可能性が示されているのです。実際、スーパーなどで工房製のチーズが並ぶことは珍しくなくなりました。

日本の大手乳業メーカーのプロセスチーズ製造技術は世界一だと思います。プロセスチーズでこんなにおいしくつくれるのは日本の乳業の特技です。ただし、日本の消費者は味に敏感ですから、プロセスチーズでつくったものとナチュラルチーズ１００％の味の違いに気付き始めています。ですから、「このナチュラルチーズは○○○○の方法でつくっています」と表示することで消費者の関心を集められるようになっています。このように乳文化を育て、マーケットを大きくしていくことで、酪農家が生き残る可能性も大きくなっていくのです。後はどう広げていくかです。何度も繰り返しますが、大人が乳製品を食べる意義を示せなければマーケットは大きくなりません。

コンテストの歴史をたどれば求められる味が分かる

その点で、工房製チーズをPRするために、日本で行われている2系統のチーズコンテストは有効です。結果はマスコミを通じてアナウンスされるので、受賞すると売り上げに直結します。トップともなると、個人の客だけでなくレストランなど業務用の引き合いもぐっと増えますが、その際、あまり価格を上げない方がいいと個人的には思います。2、3年は売れるかもしれませんが、価格に品質が伴っていないと注文が続きません。海外、国内問わず、コンテストで連続してトップを取るのは非常に難しいものです。

コンテストの今後についてですが、評価される味は時代ごとに進化し変わっていくでしょうし、受賞チーズの記録をたどってみれば、日本人はチーズの味に何を求めているか分かると思います。

それに基づいて、チーズの味に対する判断基準がどんどん細分化していくはずです。

消費者も、「これはおいしかったから、また買おう」「イマイチだったから違う物にしよう」と自分なりに判断しています。そうして、おいしさと金額のバランスが取れた物が売れるようになるのです。こうした動向をまとめたのがコンテストだともいえます。歴史のある海外のコンテストも同じです。審査員はチーズの専門家の他、ショップやレストランで働く人も入っていて、こうした人たちの意見を総合した上でトップを決めるので、やはり時代によって変わってきます。

「食べやすい」とフランスで金賞獲得したブルーチーズ

こんな話があります。2015年に、日本のコンテストで千葉と長野のブルーチーズが金賞を受賞したのですが、その時に日本に来ていたフランス人の審査員は、フランス産のブルーチーズを念頭に「味がはっきりしない」と高く評価しませんでした。そのチーズは受賞によってフランスのコンテストの出品資格を得ましたが、先のフランス人審査員のコメントを踏まえ、出品に際しフランス流のレシピに変えるべきか悩みました。結局、日本と同じレシピで臨んだのですが、何とスペシャルゴールドメダルを取ってしまったのです。

チーズの専門家は評価しなくとも、他の審査員が「とても食べやすい」と高く評価したのです。

この出来事は画期的でした。この経験から、「日本のチーズづくりの環境は馬鹿にできないぞ」と、日本人もフランス人も認識するようになりました。

その時、私の所にフランスのブルーチーズ職人が3人来て「日本のブルーチーズは、ブルーチーズ特有の刺すような味がしない。一体どうやってこんな味を出したのか」と聞かれ、その場で1時間以上議論しました。最終的には使っている水が軟水だからだろう、という結論で彼らは納得しました。

ヨーロッパのようなサポート機関の登場待たれる

日本のチーズは世界でも認められているのです。アメリカでも、2022年3月のウィスコンシン州で開かれたコンテストでゴールドを3つ取っています。日本のチーズは世界的レベルにあるといって過言ではありません。

後はいかに世界に出ていくかですが、今のところ輸出を進めている工房製チーズはわれわれの牧場のみです。規定されたHACCPを取得していないと輸出できないことに加え、チーズの価格が日本の1／3であり、補助金がなければ商売にならないからです。

一方、台湾やシンガポールは販売価格が高いので商機がありそうです。購入層はアジアのお金持ちなので、欧米ではなく日本のチーズを選んで買ってくれます。

日本の環境を生かしたチーズの味をつくるのは簡単ではありません。しかし、環境中の微生物数はヨーロッパの数十倍といわれています。言い換えれば、日本の環境中の微生物の分析はまだ終わっていないということなのです。

ヨーロッパでは環境微生物数が少ないことに加え、歴史が長いのでかなり分析が進んでいます。チーズ文化が根付き産業として成り立っているので、分析する機関にもお金が回っていて研究が進んでいます。一度そういった機関の研究員を日本に招いたことがありますが、かなりの知識を持っていました。日本のチーズのさらなる品質向上には、こうしたサポート機関の登場も待たれるところです。

6　自分の土地、環境でどんな経営ができるかが先決

技術体系を改めて押さえておく

まれに見る輸入飼料の高騰が、酪農危機の原因になっており、チーズづくり関連でもレンネットの価格がとても上がっています。輸入チーズも関税が下がって安くなるはずなのに高騰しています。この状況を生む構造を理解し対処できるよう備えておかないと、ロシアの軍事侵攻が終わり、国際相場が平時に戻ったときに大変なことになります。

為替相場の水準にもよりますが、日ＥＵ・ＥＰＡなどで締結したチーズの段階的な関税削減が進み、市場価格が大きく下がっていることが十分に考えられるのです。従って、現在の酪農危機の中でチーズ生産に光明を見いだすのなら、国産チーズの優位性を早急に、分かりやすく打ち出す必要があります。

それには日本の土地、環境で牛を飼う技術体系を改めて押さえておくことが必要です。例えば、日本海側の豪雪地帯では水資源の心配はありませんが、冬季は放牧で草を食べさせられないので、夏季に冬の舎飼い用分を用意しなければなりません。ヨーロッパの山岳地帯では夏季は山に放牧し、冬季は里に下ろします。日本ではこの体系が取れないので、特に北日本では独自の放牧方法

が必要になります。

われわれの牧場の草地は傾斜地が多いため、ホルスタインから肢腰の強いブラウンスイスに転換し、その乳をチーズにして生計を立てるという、輸入資材にできるだけ依存しない経営形態を取っています。円高で輸入飼料が安く、規模拡大でどんどん搾れていた時代には、収益的には「ドン尻」みたいなポジションで経営し続けてきたのに、今になって急に注目されるようになり驚いています。ただ、これまでに確立した十勝北部の地域条件に合わせた牛飼い方法についての情報提供はできますが、この方法が他の地区でも有効なのかどうかは分かりません。

世界を見渡すと、アメリカはずっと大規模化に傾斜してきましたが、6年くらい前からこの方向に陰りが生じています。一方、ヨーロッパは小規模で収益性を高める酪農形態が残っていますし、今後もっと注目されるでしょう。

日本ではロボット搾乳が増えています。ロボット導入は否定しませんが、ロボットが得意な分野と、ロボットが不得手で人間がサポートしなければならない分野の目利きができないと使いこなせないでしょう。アメリカの農場で働いていた時、私は大型機械を使った桁違いのスケールの酪農を嫌というほど見てきたので、大量生産に機械化がどれほど貢献しているかよく分かっています。ただ、これからは人間の手で行う仕事と、機械による仕事の「質の違い」というものが注目されてくると思います。

農産物・加工品はおいしいと言ってもらえるだけの説明、いわゆるストーリーを持たねばなりません。

農協の得意分野を利用する

北海道の指定団体、ホクレンが2023年度も減産を決めました。「乳価が抑えられるのは厳しいが、搾れないのはもっときつい」と言う酪農家は少なくありませんが、こう言えるのは農協が生乳を買い上げてくれるという前提があってのことです。一方で、マーケット全体を考えると、農協に依存ばかりもしていられません。農協系統も近い将来、生乳をさばき切れなくなることだって考えられなくもありません。農協は組織であり、小回りが利きませんが、農家は独立した経営者として自分で農場のシナリオを描けます。どうしたら自立した経営ができるか考えた上で、得意分野については農協を利用させてもらう。一方、農家はどういう土地を持っていて、どういう経営をするのか自ら考えなければなりません。

国の畜産クラスター事業に乗って大きな投資をした人が今一番困っているのでしょうが、やはり投資ありきではなく、自分の土地、環境でどんな経営ができるかを考えることが先決だと思います。われわれの牧場は入植当時、公的機関からお金を借りることができませんでした。そこで取得した土地でいかに牛を飼い、60人のスタッフが自活できるようになるかを考えて経営形態をつくり、この30年間それを続けてきました。

設備については、当初から牛舎を含め全ての建物の下に大量の炭を埋め、環境のエネルギー状態を高めています。最近だと、浄化槽を再整備しました。これは主に搾乳施設や工房から出る洗浄水などを処理する装置で、当然利益を生み出すものではありません。乳製品づくりで出る洗浄水処理は技術的に難しい。試行錯誤を続け、4年前に数千万円をかけて整備したこのシステムは乳成分を分解できる複合菌を使ったもので、今のところうまくいっています。ただ高額なのがネックで、利益の生まない施設を整備できる余力のある酪農家はあまりいないかもしれません。

7　余乳処理の視点捨て風土に根差した商品を

若者の仕事の向き合い方に変化

現場の若いスタッフには「自ら経営を考えるように」と言っています。彼らがこの土地の可能性について理解し、国内外の潮流に合わせ経営をどう展開していくか、考えられるようにならないと、新しい可能性を引き出すのは難しいと思うからです。

ただ、若いスタッフの仕事に向き合う姿勢が今と昔では変わってきたと感じています。以前は、牛を飼い、乳を搾ってチーズをつくる生活そのものに魅力を感じ入社するケースが多かったのですが、国内外のチーズコンテストで入賞してからは、その技術を学ぼうと入って来る人がとても増えました。

そういう人は一生懸命仕事をしてくれるので、ありがたいのですが、チーズの製造技術取得という目的を達成すると1年もたたずに辞めてしまう人も少なくありません。そういう人は開業しても問題を抱えて必ず相談に戻って来ます。まあ、そんな人にもすぐ助言してしまう私もどうかしているのですが…。

若いスタッフにはチーズづくりの基本を教える他、自分でつくってみたいチーズがあれば、コスト計算をさせ、原料乳を割り振って挑戦させます。もし商品にしてたくさん売れれば従業員みんなの収入に反映されるので成果は見えるようにしています。就農支援金などの公的な助成金を含めると私の給料より収入が高いスタッフもいます。しかも、自給自足に近い生活なので食費もほとんどかからずお金はたまると思います。

このように、独立開業の意思を持つ若い人は増えている半面、今後、日本の酪農・乳業情勢がどうなっていくのかを予測し、きっちりコスト計算ができる人はほとんどいないといえるでしょう。餌代が高騰し収支状況が非常に不安定な現在、これまでの常識が通用しなくなっています。

免疫と病気の関係が共通認識に

コロナ禍を踏まえた今後の商品展開を考える上で、乳製品を含めた食べ物による免疫力向上が今後のカギになってくるでしょう。新型コロナウイルス感染症のみならず、免疫力低下はさまざまな病気をもたらすことが世間一般の共通認識になりました。

われわれの牧場には、あまたある病院の治療方法から外れた人たちもスタッフとして集まって来ます。以前は身体的な障害を持っている人がほとんどでしたが、今は精神的不安定を抱える人が多くいます。

精神的な疾患が増えた理由は、第1章で述べた通り、電気や鉄文化の進展が大きく影響していると個人的には思っています。この問題を声高に叫ぶと日本経済、現代文明と相いれなくなるので、表面に出てこなかっただけではないでしょうか。ですが、心身の病気が大きな問題となってきた今こそ解決の手立てを示していかなければなりません。

廃棄するくらいならチーズをつくればと思うが…

これまでは輸入したスターターやレンネットを使ったチーズづくりが主流でしたが、数年前から地元の環境菌を使った製造試験を行っています。従来の輸入スターターを使ったチーズとちょっと違った味わいになるけれど好感触をつかんでいます。味がガラリと変わらない程度に、徐々に使うようにしています。ラクレットより溶ける温度帯がやや高く、ヨーロッパチーズで言うならばセミハードタイプに当たります。

最近、出荷枠をオーバーするため生乳を廃棄している酪農家もいるようです。私から言わせるとチーズをつくればいいのに、と単純に思ってしまいます。そうならないのは技術、設備がないことに加えて輸入チーズが安いことがあります。さらに設備の面で言えば、一時期、農協系統外の卸業者が乳製品工場の建設を計画していたようですが、それほど簡単に実現できるものではありません。しかも、合乳を原料にして機械でチーズをつくっても、大手乳業メーカーや安い輸入チーズと違いを出しにくい。余乳処理という視点ではなく、日本独自、地域独自の環境微生物を利用した、風土に根差したチーズづくりの視点が欠かせません。

8　問題解決のすべあるが、現場の理解進まず

土壌が合わず稲作が衰退した十勝

従来の一般的な日本型酪農経営は成り立たなくなりつつあると思います。北海道の十勝では戦後の食料不足から、稲作も盛んになりましたが、表土が火山灰のため水田に必要な水持ちが悪く、経済的に成り立つ畑作と酪農の経営へシフトしていきました。酪農も今のように餌高などによってコスト的に見合わなければ、衰退した十勝の稲作のようになってしまいかねません。経営を成り立たせるには、その土壌の特性、自分の牧場が東西南北どちら向きなのかなど環境をよく理解し、牛の品種、飼養形態を選択すべきです。そうしなければ、いつまでも海外情勢など外的要因に振り回され続けるでしょう。

興味の向くままにつくる、から一歩進む

「乳量の多いホルスタインを飼う」ことからスタートする経営スタイルでは、マイナスのスパイラルから容易に抜け出せません。仮に祖父母、経営者夫婦、子ども2人の家族6人で年間400tの生乳を生産し生活が成り立つと仮定すると、当牧場には60人のスタッフがいるので、この10

倍の利益を上げねばなりません。しかし生乳でチーズをつくって収益率を上げたとしてもホルスタインの生乳だと8倍にしかなりませんが、ブラウンスイスだと10倍を超えます。こうした計算に基づきブラウンスイスを導入したのです。

新規参入者は特に、のどかな田舎生活にあこがれて移住し、酪農経営をスタートさせます。でも現実をシビアにとらえ計算しないと、のどかな生活は実現しません。

チーズづくりで言えば、これまでの興味の向くままつくるところから一歩進むことが求められます。先ほど述べた通り、日本の酪農情勢が大きく変わったからには、海外から餌を買うのではなく、土地の素性をきちんと理解し、牛の品種と餌の生産法を選び、そうして搾った生乳の特徴を生かした乳製品をつくっていく。これができないと展望が見えてきません。

今は近年の中で最もひどい酪農情勢だといえますが、これまで述べたように問題解決のすべてはあるのです。でも、現場でその理解が進んでいません。ですから酪農が大変だという声に後継者や若い従業員たちはひるんでしまう。それはわれわれの牧場でも同じです。私が「こうした状況に対処できる方法はあるよ」と言うと、びっくりするのです。

海外の酪農を知る意義とは

われわれの牧場には農協単位の視察の他、消費者グループ、自然食の愛好家グループなども来ます。ここ数年はコロナ禍のせいで活動が停滞していましたが酪農教育ファームにも取り組んでいます。今後もこうした活動は大切だと思います。乳製品を摂取する意味をきちんと伝えることができるのですから。特に学生は理解が良く、「食料や健康について学べる大学に進みたくなった」と感想を残してくれる子もいます。

酪農家の男性や女性グループの視察だと、「今後どのようなモノづくりをするのか」と聞いてきたり、「厳しい酪農経営の現状をどう打開すればいいか分からない」など悩みを打ち明けてきたりします。

本来なら農協の中に個々の経営に応じた方向を示せる人がいればいいのですが、そのためには世界の酪農を俯瞰（ふかん）して見る能力が必要です。国内の需給や農政だけを見ていては限界があります。その意味で、酪農家を目指す人には、ぜひ一度は海外で経験を積むことをお勧めします。それによって、海外の目に日本の酪農がどう映るのかが身をもって分かります。

私がアメリカ・ウィスコンシン州の大学で授業を受けていた時、ある教授がこう言い放ちました。「この地図にある小さな船（日本）の行く先を先導するのは（アメリカの）餌」だと。〝日本人の私も受講しているのを分かっているだろうに！　コンチクショー〟と思いましたが、これが彼らの本音で、現在そうなっているのは言うまでもありません。

　海外で得た知識・経験を日本に持ち帰り、自分の経営に生かしてみてはいかがでしょうか。それが国際化時代に生き残る酪農につながるはずです。

あとがき

4月の半ばを過ぎ、「今年は桜が咲くのが早い」といわれていたのに雪が舞っています。明日から牛を放牧に出そうと話しているのに、雪がちらついてくるのは困ったものです。「あとがき」にこう書き出してから半年もたってしまいました。その間に十勝のチーズづくりを巡る状況は大きく変わりました。本書に書いたことが現実社会に見え始め、恐しく感じると同時に、生き続ける算段をしなければなりません。

さて、牧場を開いてもうすぐ45年。よく続いたものだ、とわれながら思います。それと当時に、今の日本の酪農経営が直面している危機的状況は、私が牧場を始めて以来最も深刻かもしれません。どのようにしてこの現状を打破するか。私は、日本の火山性の土壌を生かして牛を飼い、その加工品である良質なチーズを消費者に納得してもらえる形で届けていくしかないと考えています。飲む乳から食べる乳へ、その大きな転換期にあると思います。

共働学舎新得農場でつくるチーズも野菜も、消費者に「おいしい」と言って手にしていただけます。これは生産者として何よりうれしいことです。人が生きていくのに必要な栄養・エネルギーを消化しやすく、より濃密な形で届け、それを食べて「おいしい」と表現してもらえる。その感覚を信じたいと思います。

本書では、どのように酪農・乳業の現状を把握すべきか、そして日本でどのようにして牛を飼い、チーズをつくり、食べてもらえるかなどについて私見を述べました。消費者には、質の良いチーズを食べて健康・免疫力を付けることが、この混乱した現代社会を生き抜いていくのに必要だと声を大にして言いたいのです。

人が生き抜いていくための力強さは、まず「生きていく」ために生命力を削ぐものは何かを自覚すること、そして哺乳動物としての免疫力を高める食べ物は何かを自覚することで獲得できるものだと信じてやみません。

宮嶋　望

本書は、デーリィマンの2020年12月号から2021年11月号に連載された「乳を巡る知の冒険」と2022年8月号から2023年4月号に連載された「酪農危機下の“チーズ考”」を基に加筆・訂正したものです。

[参考文献]
・ジャレド・ダイアモンド「銃・病原菌・鉄」草思社
・小林惠子「日本古代史」現代思潮社
・廣野卓「古代日本のミルクロード」中央公論社

日本の環境を活かした酪農・チーズづくり

定価　1,980円(本体1,800円+税10%)　送料300円

2023年12月25日発行

著　者　宮嶋　　望
発行者　新井　敏孝
発行所　デーリィマン社
〒060-0005　札幌市中央区北5条西14丁目
電話　011（231）5261
FAX　011（209）0534
http://www.dairyman.co.jp

印刷所　㈱アイワード

乱丁・落丁はお取替えします。
Printed in Japan ISBN 978-4-86453-096-5